WELTALL

GEHEIMNISVOLLE GALAXIEN

Text: Doris Wirth

Umschlagillustration:
Angelika Grothues

Illustrationen Innenteil:
Angelika Grothues

ISBN 978-3-86751-168-1

Herausgeber:
Kinderleicht Wissen
Verlag GmbH & Co. KG, Regensburg,
www.bennyblu.de

Konzeption Layout/Satz:
Kinderleicht Wissen Verlag
GmbH & Co. KG

Illustration Leitfigur Benny Blu älter:
Gregor Schöner

Druck: Himmer AG, Augsburg

Mit freundlicher Unterstützung
von ESA und NASA

www.bennyblu.de

Unendliche Weiten

Nachts ist es nur dunkel und schwarz? Von wegen! Schau doch mal in einer klaren Nacht in den Himmel. Dort gibt es jede Menge zu entdecken: beispielsweise den Mond, Sterne, Planeten oder Satelliten. Schon mit bloßem Auge erkennst du viel. Dabei sehen wir Menschen von der Erde aus nur einen winzigen Teil des unvorstellbar riesigen Weltalls. Es birgt viele Rätsel und Geheimnisse.

Kosmos, Universum, Weltraum: Das sind verschiedene Bezeichnungen für das Weltall. Wie groß es ist, weiß niemand so genau. Das Weltall kannst du dir wie einen gigantischen, fast leeren Raum vorstellen. Darin finden sich Gaswolken und verschiedenste Himmelskörper, zum Beispiel Sterne und Planeten.

Geheimnisvolle Galaxien

Das Weltall enthält unzählige Galaxien. Das sind riesige Sternenhaufen. Wie Inseln liegen sie weit verstreut im Weltraum. Die meisten Galaxien kennen wir noch gar nicht.
Forscher vermuten, dass es über 100 Milliarden von ihnen gibt. Galaxien sehen nicht alle gleich aus. Manche wirken wie flach gedrückte Bälle, andere sind unregelmäßig geformt oder ähneln großen Spiralen.

Milchstraße

Zu den spiralförmigen zählt auch unsere Galaxie, die Milchstraße. Manchmal kannst du sie als weißen Streifen am Nachthimmel erkennen. Es sieht fast so aus, als hätte dort oben jemand Milch verschüttet – daher auch ihr Name. Die Milchstraße setzt sich aus ungefähr 200 Milliarden Sternen zusammen. Das ist mehr als 30-mal so viel, wie Menschen auf der Erde leben! Andere Galaxien heißen beispielsweise Andromedanebel oder Große Magellansche Wolke. Diese sind Nachbarn der Milchstraße.

Unser Sonnensystem

Ziemlich am Rand der Milchstraße liegt unser Sonnensystem. Sein Mittelpunkt ist die Sonne. In bestimmten Bahnen kreisen acht Planeten um sie herum. Der Sonne am nächsten steht der Planet Merkur, am weitesten weg ist Neptun. Die Planeten drehen sich außerdem um die eigene Achse. Dafür braucht die Erde beispielsweise einen ganzen Tag, für einen Umlauf um die Sonne ein ganzes Jahr. Das Sonnensystem ist riesig. Bis das Licht der Sonne die Erde erreicht, vergehen acht Minuten. Bis zum Neptun benötigt das Licht sogar vier Stunden!

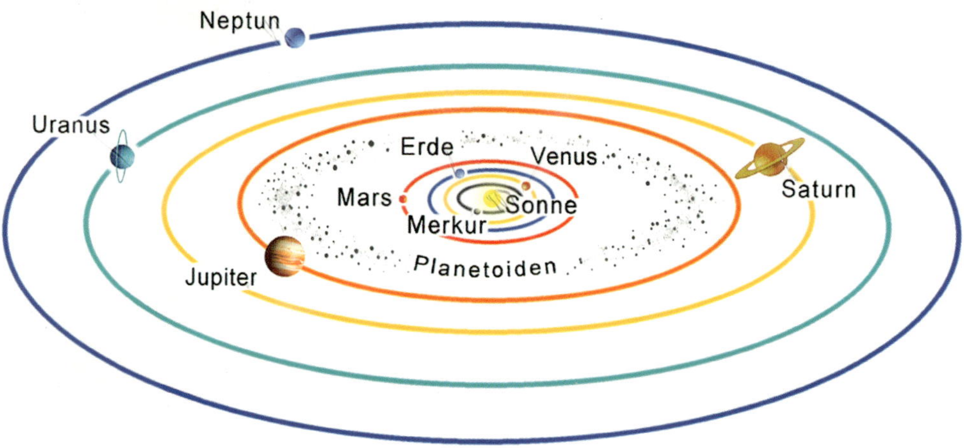

BENNY BLU WELTALL-TIPP

In welcher Reihenfolge kreisen die Planeten um die Sonne? Das kannst du dir ganz leicht mit einer Eselsbrücke merken: **Me**in **V**ater **E**rklärt **M**ir **J**eden **S**onntag **U**nseren **N**achthimmel. Die Anfangsbuchstaben stimmen mit den Planetennamen überein: **Me**rkur, **V**enus, **E**rde, **M**ars, **J**upiter, **S**aturn, **U**ranus, **N**eptun.

Zurück zu den Anfängen

Das Weltall entstand vor ungefähr 14 Milliarden Jahren. Das nehmen zumindest Forscher an. Was damals aber ganz genau passiert ist, können die Wissenschaftler nur vermuten.

Der Urknall

Am Anfang war das Weltall winzig – viel, viel kleiner als ein Sandkörnchen. Heiße Mini-Teilchen drängten sich ganz dicht zusammen. Mit einer gewaltigen Explosion dehnten sie sich aus. Das war der Urknall. Seitdem wächst das Weltall ständig. Dadurch kühlt es ab.

Die Sterne

Viele Sterne entwickelten sich etwa vor 13 Milliarden Jahren. Sterne sind riesige Kugeln. Sie bestehen aus heißem Gas. Sie verfügen über eine ganz besondere Eigenschaft: Sie leuchten – manche gelb, andere weiß, rot oder blau. Sterne werden uralt: Die ältesten haben mehrere Milliarden Jahre auf dem Buckel.

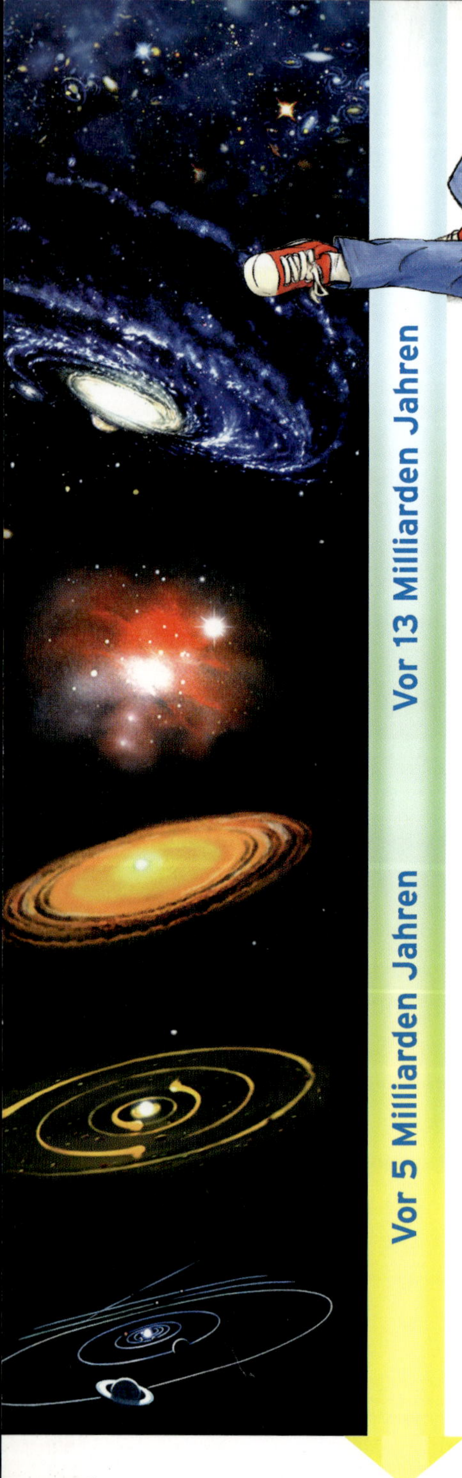

Die Milchstraße

Vor etwa 13 Milliarden Jahren entstand auch unsere Galaxie: die Milchstraße. Neben Sternen und Planeten finden sich Staub- und Gaswolken in ihr.

Die Sonne

Sie bildete sich vor etwa fünf Milliarden Jahren aus einer Gaswolke. Auch die Sonne ist ein Stern. Verglichen mit anderen Sternen ist sie aber eher klein. In manche Sternen-Riesen würde sie sogar mehrere Millionen Mal hineinpassen!

Die Planeten

Die Reste der Sonnen-Gaswolke schlossen sich zu Planeten zusammen. Sie selbst senden kein Licht aus. Die Sonne strahlt sie an. Bis auf die Erde tragen alle Planeten unseres Sonnensystems die Namen antiker Götter.

Sternenforscher

Aber warum wissen wir heute so gut über das Weltall Bescheid? Das haben wir der Sternenkunde, auch Astronomie genannt, zu verdanken. Sternenforscher beschäftigen sich schon seit mehreren Tausend Jahren mit den Rätseln des Alls.

Geozentrisches Weltbild

Nikolaus Kopernikus

Im zweiten Jahrhundert nach Christus hielt der Astronom Claudius Ptolemäus die Erde für den Mittelpunkt des Universums. Er glaubte, die Sonne würde die Erde umkreisen. Diese Ansicht bezeichnet man als geozentrisches Weltbild. Doch Ptolemäus täuschte sich. Das fanden Gelehrte wie Nikolaus Kopernikus später heraus: Alle Planeten unseres Sonnensystems, auch die Erde, kreisen um die Sonne. Diese Erkenntnis nennt man heliozentrisches Weltbild.

Benny Blu Weltall-Tipp

Nicht nur die Astronomen, sondern auch die Seefahrer beschäftigten sich mit den Sternen. Die leuchtenden Punkte am Nachthimmel nutzten sie als Wegweiser. Mithilfe bestimmter Sterne erkannten sie die Himmelsrichtungen. So verirrten sie sich nicht so leicht auf hoher See.

Immer besser

Die moderne Astronomie weiß heute viel mehr als früher – aber leider nicht alles. Das Weltall birgt noch immer viele Geheimnisse. Diese wollen Wissenschaftler mit großen Fernrohren, den Teleskopen, ergründen. Mit ihnen blicken sie tief ins Weltall.

Riesig

In Sternwarten, auch Observatorien genannt, beobachten Forscher mit komplizierten Instrumenten das All. Ein wichtiges Observatorium steht in Chile: die Europäische Südsternwarte. Sie besitzt vier riesige Spiegelteleskope.

Kuppel-Bauten

Sternwarten haben meist ein kuppelförmiges Dach. Darunter stehen große Teleskope. Werden sie benutzt, öffnet sich die Kuppel. Sternwarten baut man oft im Gebirge. Dort stören keine Straßenlaternen und Scheinwerfer die Sicht.

Teleskope im Weltraum

Mit Teleskopen direkt im Weltall kann man ferne Sterne und Galaxien noch besser erkennen. Seit 1990 schickt das Weltraumteleskop Hubble Fotos aus dem All zur Erde. Sie helfen Forschern, das Universum noch besser zu verstehen.

Wissen kompakt

- Vor etwa 14 Milliarden Jahren entstand das Weltall. Manche nennen es auch Kosmos, Universum oder Weltraum.
- Galaxien sind riesige Sternenhaufen. Im Weltall gibt es vermutlich um die 100 Milliarden von ihnen.
- Unsere Galaxie ist die Milchstraße. Darin liegt das Sonnensystem. Sein Mittelpunkt ist die Sonne. Acht Planeten, darunter auch die Erde, umkreisen sie.
- Zwischen Sternen und Planeten gibt es einen großen Unterschied: Sterne leuchten selbstständig, Planeten nicht.
- Sternenkunde heißt auch Astronomie.

Faszinierende Himmelskörper

Das Weltall ist voll von spannenden Himmelskörpern. Von einigen wissen wir heute schon ziemlich viel, beispielsweise von der Sonne. Dieser kugelförmige Stern ist viel größer als alle Planeten des Sonnensystems. Die Sonne wiegt circa 330.000-mal mehr als die Erde – ein ähnliches Verhältnis wie zwischen einem großen Elefanten und einem kleinen Vogel!

Die Sonne ist ein unglaublich heißer Glutofen. Außen misst sie ungefähr 5.800 Grad. Im Inneren erreicht sie sogar Temperaturen von bis zu 15 Millionen Grad! Die Sonne besteht hauptsächlich aus den Gasen Wasserstoff und Helium. Sie erzeugt in ihrem Kern laufend Energie. Allerdings wird die Sonne nicht ewig leuchten. In ferner Zukunft wird sie verlöschen.

Lebensweg der Sonne

Alle Sterne gehen einen ähnlichen Lebensweg – auch die Sonne. Ganz am Anfang ballten sich kleinste Staub- und Gasteilchen eng zusammen. Die Sonne entstand und begann, Energie zu erzeugen.

Anwachsen

Die Brennstoffvorräte in ihrem Inneren reichen aber nicht ewig aus. Sind sie verbraucht, dehnt sich die Sonne immer mehr aus. Sie wird zu einem „Roten Riesen“. Einige umliegende Planeten verglühen dann. Auf anderen wird es bis zu 1.000 Grad heiß. Das wird in ungefähr fünf Milliarden Jahren sein.

Schrumpfen

Danach zieht sich die Sonne zusammen. Sie erkaltet und leuchtet nur noch schwach. Von ihr bleibt bloß ein „Weißer Zwerg“ übrig. Bis es so weit ist, vergehen aber noch viele Milliarden Jahre.

BENNY BLU WELTALL-TIPP

Achtung! Schaue nie ungeschützt oder gar mit einem Fernglas in die Sonne! Ihre starken Strahlen können deine Augen schwer verletzen!

Gierige Schlucker

Riesen-Sterne erleben jedoch ein anderes Schicksal: Sie gehen in einer gigantischen Explosion zugrunde, der Supernova. Die Reste des Sterns bleiben dabei manchmal als so genanntes Schwarzes Loch zurück. Das kannst du dir ähnlich wie den Abfluss in der Badewanne vorstellen: Alles, was ihm zu nahe kommt, gerät in einen Strudel und wird am Ende verschluckt – sogar das Licht! Deshalb kann man Schwarze Löcher auch nicht sehen.

Supernova

Schwarzes Loch

Erde

Forscher wissen heute auch ziemlich gut über die Planeten des Sonnensystems Bescheid. Unser Heimatplanet Erde wirkt vom Weltall aus wie eine große blaue Kugel. Das liegt am Wasser. Es bedeckt über 70 Prozent der Erdoberfläche. Auf der Erde gibt es ausreichend Sauerstoff zum Atmen. Die Sonne schafft angenehme Temperaturen. Die Ozonschicht filtert schädliche Strahlen aus dem Weltraum. Ideale Verhältnisse für Menschen, Tiere und Pflanzen!

Jupiter

So heißt der größte Planet unseres Sonnensystems. Die Erde wirkt neben ihm wie ein Winzling. Jupiter besteht vor allem aus Gasen. Vermutlich besitzt er keine richtige Oberfläche. Eiskalte, heftige Winde umwehen ihn. Häufig ist auf dem Jupiter ein gewaltiger roter Fleck zu sehen. Das ist ein riesiger Wirbelsturm – im Durchmesser sogar noch größer als die Erde!

Jupiter

Erde

Saturn

Auch Saturn zählt zu den Gasplaneten. Er ist noch weiter von der Sonne entfernt als Jupiter. Wie ein Gürtel umschließen ihn tausende schmale Ringe. Sie setzen sich aus Staub sowie Milliarden von Eis- und Gesteinsbrocken zusammen. Manche sind größer als ein Lastwagen, andere winziger als Sandkörner. Schon mit einem kleinen Fernrohr sind die Saturnringe von der Erde aus zu sehen.

Planetoiden

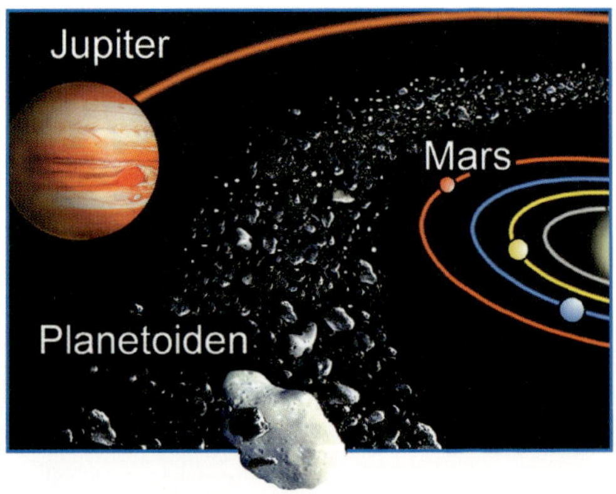

Zwischen den Bahnen von Mars und Jupiter schwirren viele Tausend Himmelskörper, ähnlich kleinen Planeten. Man nennt sie Planetoiden. Ganz wenige Brocken erreichen einen Durchmesser von mehreren Hundert Kilometern. Die meisten sind aber wesentlich kleiner. Bei dem dichten Gedränge kommt es manchmal zu wilden Zusammenstößen.

BENNY BLU WELTALL-TIPP

Pluto zählte lange zu den Planeten des Sonnensystems. Seit 2006 gilt er aber als Zwergplanet. Das entschieden die Astronomen. Seitdem umfasst unser Sonnensystem nur noch acht Planeten.

Monde

Das sind kleine bis mittelgroße Himmelskörper. Sie drehen sich um einen Planeten, nicht um einen Stern. Große Planeten besitzen meist viele Monde. Den Planeten-Riesen Jupiter umkreisen sogar mehr als 60 Monde! Unsere Erde dagegen hat nur einen. Er braucht ungefähr einen Monat, bis er sie umrundet hat. Der Mond ist vermutlich vor Milliarden von Jahren bei einem Zusammenprall der Erde mit einem anderen Planeten entstanden. Das glauben zumindest die meisten Astronomen.

Kometen

Kometen sind Eisbrocken. Wie bei einem schmutzigen Schneeball stecken Staub- und Gesteinsteilchen in ihnen. Manchmal führt einen Kometen seine Bahn aus den Außenbereichen des Sonnensystems näher zu uns heran. Dann lässt die Sonne Kometen-Bröckchen verdampfen. Ein Millionen Kilometer langer Schweif entsteht. Früher hielten die Menschen Kometen für Unheilsboten. Das ist natürlich Unsinn!

Meteore und Meteoriten

Manchmal treten Stein- oder Staubteilchen aus dem Weltall in die Erdatmosphäre ein. Das ist die Lufthülle, die unseren Planeten umgibt. Dort verglühen sie. Am Himmel ist ein helles Leuchten zu sehen. Diese Erscheinungen nennt man Meteore oder Sternschnuppen. Größere Gesteinsbrocken verglühen nicht vollständig. Sie schlagen ab und zu auf der Erdoberfläche ein. Das sind Meteoriten. Sie sind aber meist so klein, dass dabei nicht viel passiert.

WISSEN KOMPAKT

Im Weltall finden sich viele interessante Himmelskörper:

- **Sonne:** Sie ist ein Stern und besteht vor allem aus den Gasen Wasserstoff und Helium.
- **Schwarze Löcher:** Das sind Reste explodierter Riesen-Sterne. Sie verschlucken alles in ihrer Nähe.
- **Monde:** Sie drehen sich um Planeten, nicht um Sterne.
- **Kometen:** Sie bestehen aus kleinen Eis-, Staub- und Steinbröckchen. Manchmal ziehen sie mit einem langen, hellen Schweif an der Erde vorbei.
- **Meteore:** Man nennt sie auch Sternschnuppen. Das sind Stein- oder Staubteilchen. Sie verglühen in der Erdatmosphäre. Ein helles Leuchten ist zu sehen.
- **Meteoriten:** Das sind Steinteile aus dem All. Sie verglühen nicht völlig in der Erdatmosphäre, sondern schlagen auf der Erde ein.

Zum ersten Mal ins All

Menschen träumen schon immer von Reisen ins Weltall. 1957 kam man diesem Traum ein Stück näher: Mit einer Rakete verließ der sowjetische Satellit „Sputnik 1" erstmals die Erde. Der erste Mensch im Weltraum hieß Juri Gagarin. 1961 startete er mit der kleinen Raumkapsel „Wostok 1" ins All. Bereits nach 108 Minuten kehrte er aber wieder zur Erde zurück.

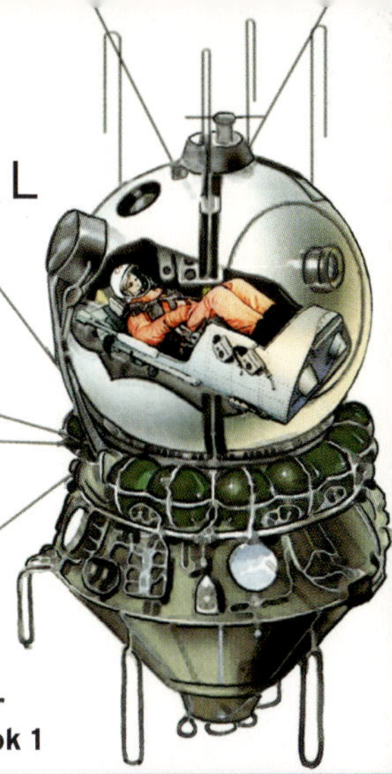

Juri Gagarin in der Raumkapsel Wostok 1

Reise zum Mond

1969 erreichte das Raumschiff „Apollo 11" den Mond. Drei amerikanische Astronauten steuerten es: Neil Armstrong, Michael Collins und Edwin Aldrin. Am 21. Juli 1969 setzte Neil Armstrong als erster Mensch einen Fuß auf den Mond. Seine Spuren sieht man heute noch. Auf dem Mond gibt es keinen Wind, der sie verwischen könnte.

Benny Blu Weltall-Tipp

Das erste Lebewesen im All war kein Mensch, sondern ein Tier: die Hündin Laika. Sie flog 1957 in der Raumkapsel „Sputnik 2".

Völlig schwerelos

Will man ins All reisen, muss man zunächst die Erdanziehungskraft überwinden. Sie sorgt dafür, dass alles fest am Boden bleibt. Erst mit einer Geschwindigkeit von circa 40.000 Kilometern pro Stunde können Flugkörper den Anziehungsbereich der Erde verlassen. Im Weltall wirkt die Erdanziehungskraft nicht. Dort herrscht völlige Schwerelosigkeit. Alles schwebt. Ohne Schutzkleidung und Sauerstoff können Menschen im All nicht überleben. Es gibt keine Luft zum Atmen. Gefährliche Strahlen sausen durch die Gegend. Größtenteils ist es extrem kalt – an manchen Stellen bis zu minus 270 Grad Celsius.

RAKETEN

Mit normalen Flugzeugen kann man nicht ins Weltall gelangen. Ihre Düsentriebwerke funktionieren nicht im luftleeren Raum. Nur Raketen können die Erde verlassen. Sie erreichen sehr hohe Geschwindigkeiten. Eine Rakete funktioniert folgendermaßen:

Treibstoff

Raketen haben viel Treibstoff im Gepäck (1). Er besteht beispielsweise aus Wasserstoff oder Kerosin.

Verbrennen

Möchte man die Rakete starten, werden die Triebwerke (2) gezündet. Darin verbrennt der Treibstoff. Heiße Gase bilden sich.

Schub

Durch Düsen (3) stößt die Rakete die Gase mit hohem Druck nach hinten aus. Dadurch entsteht ein Schub in die Gegenrichtung. Die Rakete wird also vom Boden weg nach oben gedrückt. Sie hebt ab.

Europäische Rakete „Ariane 5"

Benny Blu – Forscher-Ecke

Was hat ein Luftballon mit dem Weltall zu tun? Eigentlich nichts – und doch jede Menge! Denn einfache Luftballon-Experimente können dir helfen, Kompliziertes aus dem Weltall und der Raumfahrt noch besser zu verstehen. Du brauchst nur einen Luftballon und jede Menge Puste.

Raketentechnik

Mithilfe eines Luftballons kannst du die Raketentechnik nachahmen. Puste den Ballon prall auf. Halte mit deinen Fingern die Öffnung zu. Dann lass los. Die Luft zischt hinten durch die Öffnung nach außen. Das stößt den Ballon nach vorne. Er tanzt durch die Luft. So ähnlich funktioniert auch die Schubkraft bei einer Rakete.

Wachsendes Weltall

Bemale einen Luftballon mit kleinen Punkten. Das sind die Galaxien. Der Ballon ist das Weltall. Ganz am Anfang war das Weltall noch klein. Die Galaxien lagen nah beieinander. Seit dem Urknall dehnt sich das Weltall aber immer weiter aus. Je älter es wird, desto mehr entfernen sich die Galaxien voneinander. Das kannst du auch sehen, wenn du den Ballon aufbläst: Je größer er wird, desto weiter rücken die Punkte auseinander.

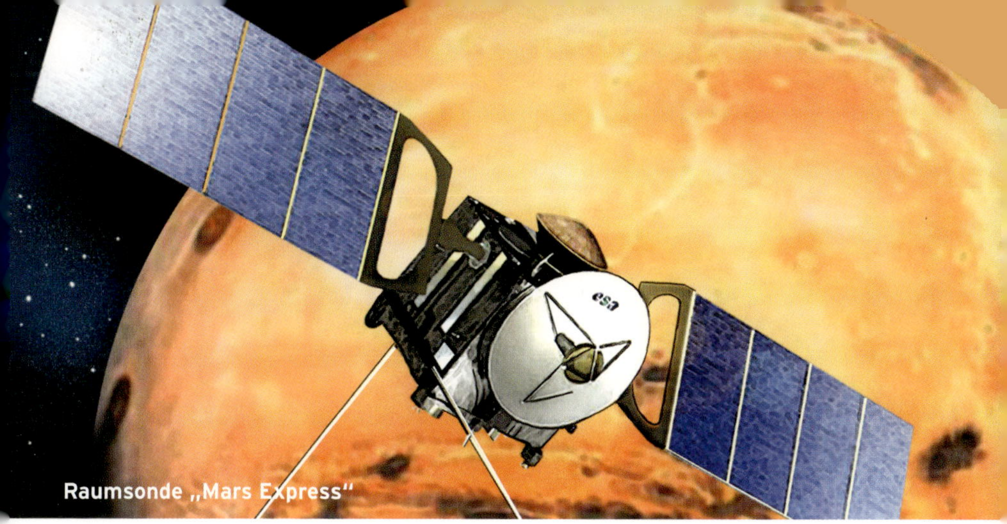

Raumsonde „Mars Express“

Raumfahrt

Raketen befördern verschiedene Flugkörper ins All: beispielsweise Sonden und Satelliten. Satelliten kreisen um die Erde. Von dort aus beobachten sie das Wetter auf unserem Planeten oder leiten Telefongespräche und Fernsehprogramme um die Welt. Sonden fliegen direkt in den Weltraum. Mit Kameras und Messinstrumenten erforschen sie Planeten und Sterne. Sonden und Satelliten sind unbemannt. Sie haben also keine Menschen mit an Bord.

Bemannt

Raumfähren dagegen bringen Menschen ins All. Das Spaceshuttle ist eine solche Raumfähre. Die amerikanische Raumfahrtbehörde NASA entwickelte es. Ein Spaceshuttle benötigt zwei Startraketen (1). Sie sitzen seitlich an einem riesigen Treibstofftank (2). Dieser misst knapp 50 Meter. Darauf ist die eigentliche Raumfähre befestigt: der Orbiter (3). Er bietet Platz für höchstens acht Personen.

Ein Blick ins Spaceshuttle

Der Orbiter sieht fast so aus wie ein normales Flugzeug. Ganz vorne befindet sich die Kommandozentrale (1). Von dort aus steuern die Astronauten die Raumfähre. Darunter liegen die Mannschaftsräume (2). Hier isst, schläft und arbeitet die Besatzung. Platz für die Fracht ist im Laderaum (3) dahinter. Dort lagern beispielsweise Satelliten. Ein spezieller Greifarm (4) befördert sie in den Weltraum. Im Heck des Orbiters sitzen die drei Haupttriebwerke und die Steuertriebwerke (5).

Countdown

Planen, vorbereiten, kontrollieren: Bevor das Spaceshuttle abfliegt, gibt es viel zu tun. Bereits 43 Stunden vor dem Start beginnt der „Countdown". Man zählt die Stunden, Minuten und Sekunden rückwärts bis zum Zeitpunkt Null. Dann nämlich hebt das Spaceshuttle von der Start-Plattform ab.

1
2

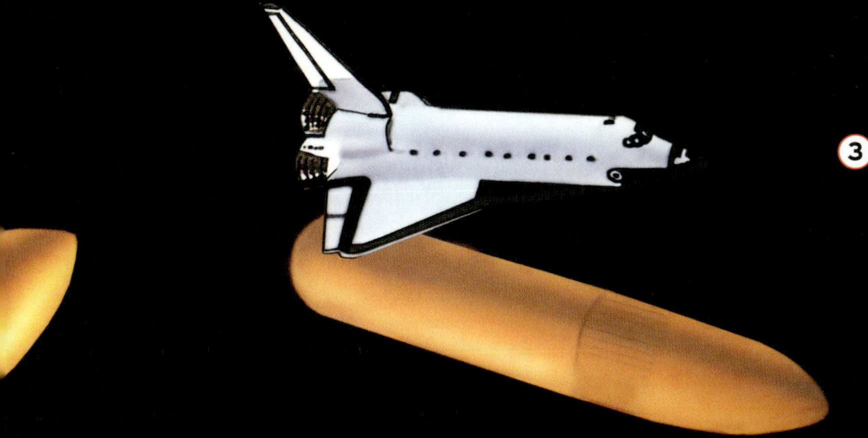

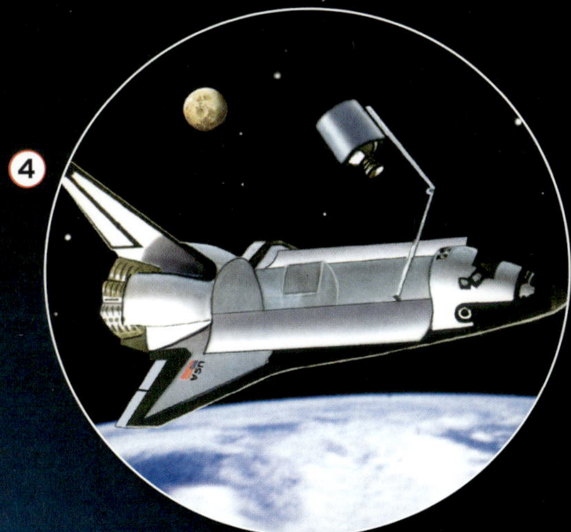

Abheben

Etwa zwei Minuten nach dem Start erreicht das Spaceshuttle eine Höhe von gut 50 Kilometern. Die Startraketen lösen sich (1). An Fallschirmen befestigt segeln sie langsam ins Meer (2). Dort werden sie eingesammelt. Man kann sie nämlich beim nächsten Mal wieder verwenden.
Inzwischen tritt die Raumfähre zusammen mit dem Treibstofftank in den Weltraum ein. Ungefähr acht Minuten nach dem Start geht der Treibstoff im großen Tank zu Ende. Die Haupttriebwerke schalten ab. Der Tank wird abgestoßen (3). Er verglüht anschließend in der Erdatmosphäre. Das Spaceshuttle macht sich nun auf den Weg zu seinem Ziel (4).

Wissen kompakt

- Im vergangenen Jahrhundert kam die Raumfahrt einen großen Schritt voran: 1957 verließ der Satellit „Sputnik 1" erstmals die Erde. 1961 startete Juri Gagarin als erster Mensch ins All. 1969 betrat Neil Armstrong als erster Mensch den Mond.
- Im Weltall herrscht völlige Schwerelosigkeit.
- Raketen bringen Flugkörper wie Satelliten, Sonden oder Spaceshuttles ins Weltall.
- Ein Spaceshuttle besteht aus zwei Startraketen, einem großen Treibstofftank und dem Orbiter, der Raumfähre.

Zurück nach Hause

Hat das Spaceshuttle seine Mission beendet, kehrt es wieder zurück zur Erde. Es wird langsamer und tritt schließlich in die Erdatmosphäre ein. Dabei wirken extreme Temperaturen von bis zu 1.600 Grad auf die Raumfähre. Ein spezieller Hitzeschutz an Bauch und Nase verhindert, dass das Spaceshuttle verglüht. Das Shuttle verringert seine Geschwindigkeit immer mehr. Schließlich landet es auf der Erde. Ein Fallschirm bremst es weiter ab, bis es steht. Endlich angekommen!

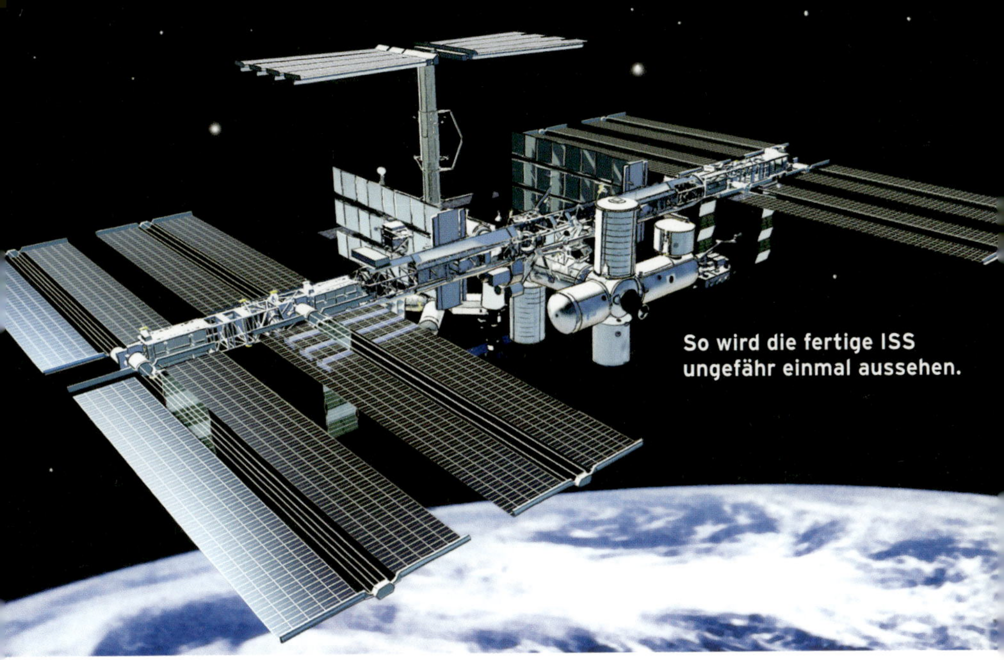

In der ISS

Wohnen und arbeiten im Weltraum – das ist seit 1998 kein Traum mehr. Denn damals begannen die Bauarbeiten an der „ISS“, der „Internationalen Raumstation“. Mehrere Länder der Erde helfen seitdem mit. Wie ein großes Puzzle stückeln sie die ISS erst im Weltraum zusammen. Regelmäßig kommen neue Teile dazu. Raketen und Raumfähren befördern die einzelnen Bausteine ins All. Die fertige Raumstation wird insgesamt etwa so groß sein wie ein Fußballfeld. Seit dem Jahr 2000 leben ununterbrochen Astronauten in der Raumstation. Verschiedene Besatzungen lösen einander regelmäßig ab. Während ihrer Zeit im All experimentieren die Astronauten im Labor, reparieren Kaputtes oder bauen weiter an der Station. Die nötige Energie liefern riesige Solarzellen-Flügel. Sie wandeln das Licht der Sonne in Strom um.

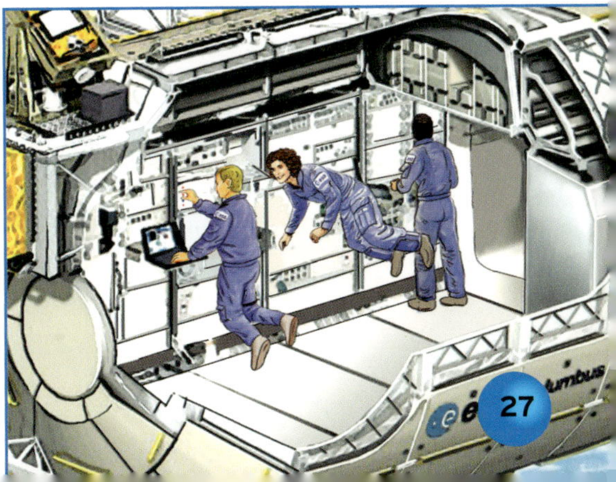

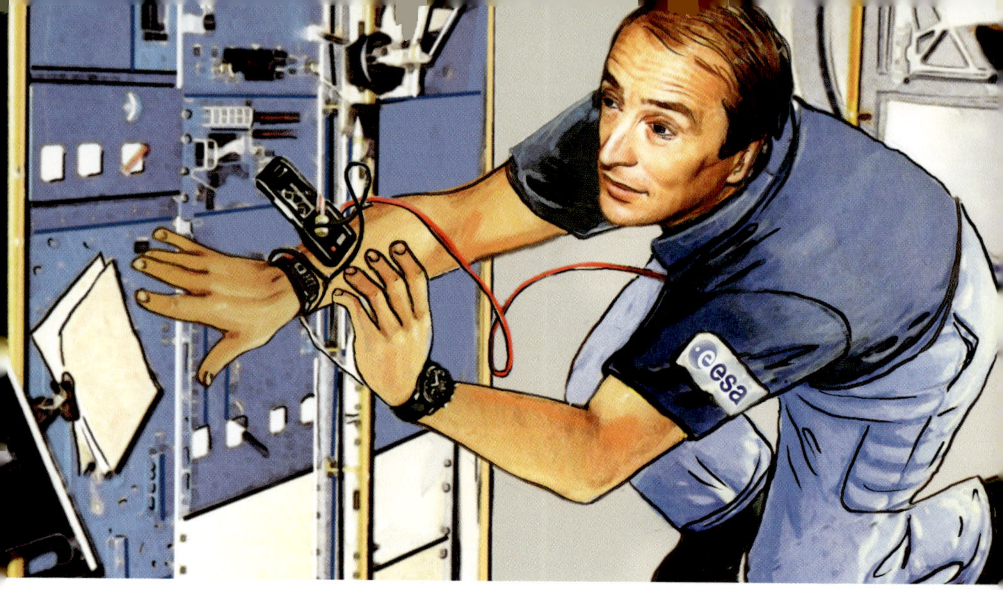

LEBEN IM WELTALL

Willst du Astronaut werden? Das ist ganz schön schwierig. Astronauten haben nämlich viele Voraussetzungen zu erfüllen: Sie müssen sehr lange für ihre Weltraum-Reisen studieren und trainieren. Außerdem brauchen sie noch jede Menge Glück: Auf wenige Stellen kommen viele Tausend Bewerber. Hat es ein Astronaut dann doch geschafft, erwarten ihn viele Herausforderungen im Weltraum. Am Anfang ihrer Reise ins Weltall erkranken manche Raumfahrer. Ihnen wird übel. Ihr Körper muss sich erst an die Schwerelosigkeit gewöhnen. Bereits nach wenigen Tagen geht es ihnen aber meist wieder gut. Trotzdem müssen sie sich fit halten. In der Schwerelosigkeit schrumpfen nämlich die Muskeln. Das bedeutet: jeden Tag mindestens zwei Stunden Sport!

BENNY-BLU-WELTALL-TIPP

Wusstest du, dass Astronauten im Weltall immer ein bisschen größer sind? Dort drückt die Schwerkraft nämlich nicht wie auf der Erde die Wirbelsäule zusammen.

Gut geschützt im Raumanzug

In der Raumstation tragen die Astronauten ganz normale Kleidung. Draußen im Weltall geht das nicht. Bei den so genannten Weltraumspaziergängen brauchen sie einen speziellen Körperschutz: den Raumanzug. Der Helm mit dem dunklen Visier wehrt gefährliche Sonnenstrahlen ab. Über Kopfhörer und Mikrofon unterhalten sich die Astronauten miteinander. Das Versorgungspaket schnallen sich die Raumfahrer wie einen Rucksack um. Es hält Sauerstoff und Wasser für mehrere Stunden bereit. Ein Raumanzug wiegt ganz schön viel: auf der Erde über 100 Kilogramm! In der Schwerelosigkeit ist er aber leicht wie eine Feder.

Essen, Schlafen, Badezimmer

Leben in der Schwerelosigkeit ist gar nicht so einfach: Was nicht befestigt ist, schwebt durch den Raum – sogar Flüssigkeiten. Besonders unangenehm kann das im Badezimmer werden. Deshalb zieht eine Art großer Staubsauger sofort das Abwasser aus der Dusche und der Toilette ein. Ist das Klo einmal kaputt, behelfen sich die Astronauen mit Plastiktüten, den „Apollo bags".

Auch Essen und Getränke sind gut verpackt in Plastikbehältern. So läuft nichts aus. Ihren Tee oder Saft trinken die Raumfahrer durch einen Strohhalm. Die Speisen-Tabletts sind magnetisch. So fliegt nichts durch die Raumstation. Sogar die Schlafsäcke der Astronauten hängen an der Wand.

WISSEN KOMPAKT

- Seit 1998 schwebt die Internationale Raumstation ISS im Weltall.
- Langes Studium, hartes Training und viele Bewerber: Astronaut werden ist gar nicht so einfach.
- Bei Weltraumspaziergängen schlüpfen Astronauten in einen Raumanzug.
- In der Raumstation wird alles festgemacht oder abgesaugt. Sonst fliegt es durch die Luft.

AUßERIRDISCHES LEBEN?

Sind wir die einzigen Lebewesen im Weltall? Über diese Frage zerbrechen sich Wissenschaftler schon lange den Kopf – leider bisher ohne Erfolg. Manche Forscher sind sich sicher: Die Erde ist der einzige bewohnte Planet im Universum. Andere behaupten das Gegenteil. Aber was stimmt nun?
Ziemlich gewiss ist: In unserem Sonnensystem gibt es nur auf der Erde entwickeltes Leben. Im riesigen Weltall finden sich aber bestimmt noch viele weitere Millionen Planeten mit ähnlichen Verhältnissen wie bei uns. Vielleicht grübeln an einer anderen Stelle unseres Kosmos auch intelligente Lebewesen über den gleichen Fragen wie wir. Dafür gibt es aber leider noch keine Beweise. Die Entfernungen im Weltall sind viel zu groß. Anderen Planetenbewohnern werden wir wohl nie begegnen. Selbst mit schnellsten Raumschiffen wären wir Hunderttausende von Jahren unterwegs. Außerirdisches Leben – das ist eines der vielen Rätsel rund um das Weltall.

LÖSUNG VON SEITE 32: Die Zahlenfolge lautet 10, 21, 16, 9, 20, 5, 18.
Das Lösungswort ist JUPITER.

Benny Blu – Weltraum-Puzzle

Astronauten müssen bei ihren vielen Versuchen genau hinsehen. Kannst du das auch? Dann hast du das Weltraum-Puzzle bestimmt schnell gelöst.

Die Bildausschnitte unten stammen aus diesem Buch. Notiere unter jedem Bildausschnitt die Seitenzahl, auf der er zu finden ist. Die Zahlen entsprechen den Positionen der Buchstaben im Alphabet: also 1=A, 2=B, 3=C usw. Schreibe den zugehörigen Buchstaben in die Zeile darunter und du hast das Lösungswort.

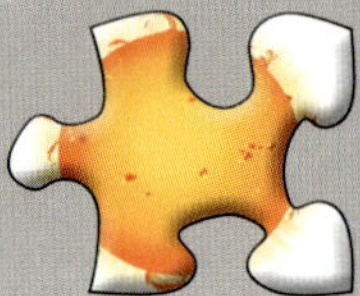

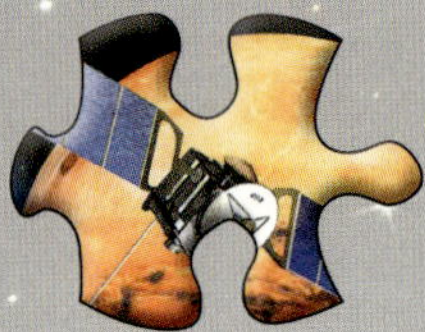